中华医学会灾难医学分会科普教育图书

图说灾难逃生自救丛书

地震

丛书主编　刘中民

分册主编　贾群林

绘　图

11m数字出版

人民卫生出版社

图书在版编目（CIP）数据

地震 / 贾群林主编 . —北京：人民卫生出版社，2013.5
（图说灾难逃生自救丛书）
ISBN 978-7-117-17253-0

Ⅰ. ①地… Ⅱ. ①贾… Ⅲ. ①地震灾害 – 自救互救 –
图解 Ⅳ. ①P315.9-64

中国版本图书馆 CIP 数据核字（2013）第 077855 号

| 人卫社官网 | www.pmph.com | 出版物查询，在线购书 |
| 人卫医学网 | www.ipmph.com | 医学考试辅导，医学数据库服务，医学教育资源，大众健康资讯 |

图说灾难逃生自救丛书
地　震

主　　编：贾群林
出版发行：人民卫生出版社（中继线 010-59780011）
地　　址：北京市朝阳区潘家园南里 19 号
邮　　编：100021
E - mail：pmph @ pmph.com
购书热线：010-59787592　010-59787584　010-65264830
印　　刷：北京盛通印刷股份有限公司
经　　销：新华书店
开　　本：710×1000　1/16　印张：5.5
字　　数：96 千字
版　　次：2013 年 5 月第 1 版　2019 年 2 月第 1 版第 4 次印刷
标准书号：ISBN 978-7-117-17253-0/R · 17254
定　　价：30.00 元
打击盗版举报电话：010-59787491　E-mail：WQ @ pmph.com
（凡属印装质量问题请与本社市场营销中心联系退换）

丛书编委会

王一镗　　王立祥　　叶泽兵　　田军章　　刘中民　　刘晓华

孙志杨　　孙海晨　　李树峰　　邱泽武　　宋凌鲲　　张连阳

周荣斌　　单学娴　　宗建平　　赵中辛　　赵旭东　　侯世科

郭树彬　　韩　静　　樊毫军

谨以此书纪念历次地震遇难同胞。

序 一

我国地域辽阔，人口众多。地震、洪灾、干旱、台风及泥石流等自然灾难经常发生。随着社会与经济的发展，灾难谱也有所扩大。除了上述自然灾难外，日常生产、生活中的交通事故、火灾、矿难及群体中毒等人为灾难也常有发生。中国已成为继日本和美国之后，世界上第三个自然灾难损失严重的国家。各种重大灾难，都会造成大量人员伤亡和巨大经济损失。可见，灾难离我们并不遥远，甚至可以说，很多灾难就在我们每个人的身边。因此，人人都应全力以赴，为防灾、减灾、救灾作出自己的贡献成为社会发展的必然。

灾难医学救援强调和重视"三分提高、七分普及"的原则。当灾难发生时，尤其是在大范围受灾的情况下，往往没有即刻的、足够的救援人员和装备可以依靠，加之专业救援队伍的到来时间会受交通、地域、天气等诸多因素的影响，难以在救援的早期实施有效救助。即使专业救援队伍到达非常迅速，也不如身处现场的人民群众积极科学地自救互救来得及时。

为此，中华医学会灾难医学分会一批有志于投身救援知识普及工作的专家，受人民卫生出版社之邀，编写这套《图说灾难逃生自救丛书》，本丛书以言简意赅、通俗易懂、老少咸宜的风格，介绍我国常见灾难的医学救援基本技术和方法，以馈全国读者。希望这套丛书能对我国的防灾、减灾、救灾工作起到促进和推动作用。

刘中民 教授

同济大学附属上海东方医院院长

中华医学会灾难医学分会主任委员

2013 年 4 月 22 日

我国现代灾难医学救援提倡"三七分"的理论：三分救援，七分自救；三分急救，七分预防；三分业务，七分管理；三分战时，七分平时；三分提高，七分普及；三分研究，七分教育。灾难救援强调和重视"三分提高、七分普及"的原则，即要以三分的力量关注灾难医学专业学术水平的提高，以七分的努力向广大群众宣传普及灾难救生知识。以七分普及为基础，让广大民众参与灾难救援，这是灾难医学事业发展之必然。也就是说，灾难现场的人民群众迅速、充分地组织调动起来，在第一时间展开救助，充分发挥其在时间、地点、人力及熟悉周围环境的优越性，在最短时间内因人而异、因地制宜地最大程度保护自己、解救他人，方能有效弥补专业救援队的不足，最大程度减少灾难造成的伤亡和损失。

为做好灾难医学救援的科学普及教育工作，中华医学会灾难医学分会的一批中青年专家，结合自己的专业实践经验编写了这套丛书，我有幸先睹为快。丛书目前共有 15 个分册，分别对我国常见灾难的医学救援方法和技巧做了简要介绍，是一套图文并茂、通俗易懂的灾难自救互救科普丛书，特向全国读者推荐。

王一镗

南京医科大学终身教授

中华医学会灾难医学分会名誉主任委员

2013 年 4 月 22 日

地震一次又一次发生，每一次降临都给我们的生活带来巨大的灾难，生命在其面前显得如此脆弱……

面对地震，不是每个人都能做到处变不惊，但为了我们自己，为了我们的亲人，我们必须掌握逃生自救的常识，这样在地震发生时，才能最大程度地减少人员的伤亡。

我们精心制作了这本《图说灾难逃生自救丛书：地震》分册，希望通过我们每个人的努力，让更多的人掌握逃生避险、自救互救的知识与方法。

衷心祝福广大读者平安、健康、幸福！

贾群林

中国地震应急搜救中心培训部主任

2013 年 10 月 15 日

目　录

造成地震的原因很多,按其成因可分为:构造地震、火山地震、陷落地震三种主要类型。此外还有水库地震、爆炸地震、油田注水地震等类型。

　　中国地震的四大特点:分布广、频度高、强度大、震源浅。

地震类型、成因及破坏作用

◉ **构造地震**

　　由于地壳运动产生自然力推挤地壳岩层,岩层薄弱部位因此突然发生断裂、错动,这种在构造变动中引起的地震称为构造地震。

◎ **火山地震**

　　由于火山活动,岩浆猛烈冲击地面时引起的地面震动称为火山地震。火山地震的影响范围较小,不会造成大面积的破坏和人畜伤亡。火山地震约占地震总数的7%。

◉ **陷落地震**

　　易溶岩因长期受地下水侵蚀形式许多溶洞,洞顶崩塌陷落而形成的地震称为陷落地震。主要发生在石灰岩等易溶岩分布地区。此外,悬崖或山坡的大块岩石崩落亦会形成此类地震。

⦿ 水库地震

水库地震是因水库蓄水诱发的地震,原因有两方面:一是水的重量,巨大的水体增加了水库基岩的负担;二是水对地层和断裂处的物理、化学作用。

◎ 爆炸地震

工业大爆破或地下核试验所激发的地震称为爆炸地震。这种地震一般震级较小,影响范围仅几十千米。

◉ **油田注水地震**

　　油田注水地震是指在油田的开采中,广泛利用人工注水驱动工艺,从而产生因油田注水诱发的地震。其机制类似于水库诱发的地震,水的注入使岩石产生水饱和,从而降低岩石的抗剪强度,因此诱发地震。

◎ **地面变形引起的破坏**

　　大地震发生时,高烈度区(8度以上)的地面强烈变形,产生不均匀的局部隆起、陷落和地裂缝,甚至出现新的断裂、错动、山崩或滑坡等,从而使其附近的房屋、道路、桥梁及水坝等建筑物遭到破坏。

◉ 地震力引起的破坏

　　地震时,地震波使地面来回颠晃。地震产生的惯性力称为地震力,地震力越大,地面晃动就越厉害。建筑物受到地震力的反复作用,不仅受到水平方向的震动力,还会受到垂直方向的地震力作用,如果经受不住,轻者震裂,重者倒塌。

◉ **地基丧失支撑能力引起的破坏**

　　由于地震时地面的剧烈震动,有些建筑物的地基会丧失它原有的支撑能力,导致建筑物倒塌。

◉ 地震灾难是立体灾难

地震灾难是群灾之首，也是立体灾难，可造成伤亡多、损失大、破坏严重的后果。除了会造成大量人员死伤外，还会伴有其他灾难发生，如燃气管网爆裂引起的火灾、有毒有害气体泄漏、放射性辐射、各种污染、社会恐慌混乱、疾病和瘟疫流行等。

◉ **突发性致灾**

　　大地震发生的十几秒到几十秒,可将一座百万人口的城市夷为平地,导致无数人失去生命,大面积建筑物和工程设施摧毁,生产停顿,社会瘫痪,城市功能丧失。

◉ **直接灾害**

　　地震可直接导致建筑设施被破坏、工程设施倒塌、生命线工程被毁,山崩、滑坡、泥石流、地裂、地陷、地鼓包、喷砂、冒水、砂土液化、海啸、湖震、堤坝崩塌、可燃性气体逸出、火球及电磁辐射等灾情。

◉ **次生灾害**

　　地震引发的次生灾害包括:火灾、水灾,有毒容器破坏后毒气、毒液、放射性物质等溢出,冻灾、地震瘟疫、城市"玻璃雨"等。

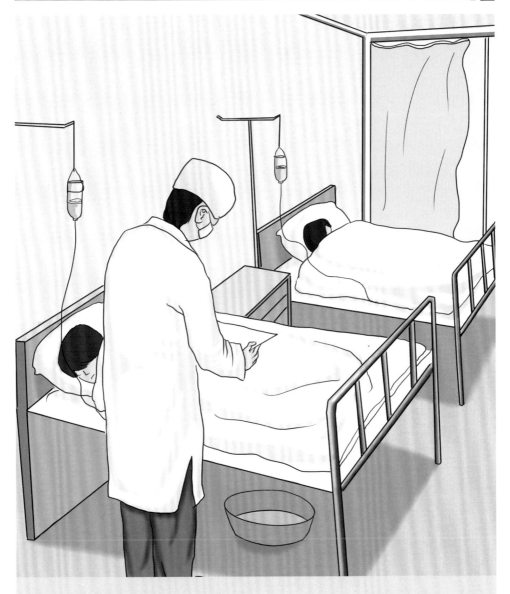

◉ 间接灾害

在地震次生灾害基础上发生的灾害,它是由于救灾不力、处理不当或心理障碍没消除而衍生出的灾害,又称诱发灾害。包括地震恐惧症、地震谣言以及社会动荡等。

◉ **信息系统损坏**

　　信息网络系统破坏、交通通信中断,并由此引起停工、停产、社会功能瓦解、社会经济瘫痪等。

多少年来,人类一直在追求准确的地震预报,但时至今日,这种预报大多仍局限于经验性与统计层面,要实现真正科学、精确预报,还有漫长的路要走……

我国是一个多地震国家，中国地处亚欧板块的东部，受西环太平洋地震带和喜马拉雅 – 地中海地震带活动的影响，地震活动不仅频度高、强度大，而且分布广。所以，做好震前的预防、采取有效的措施、制订应急预案是减少地震灾难的重要保障。

地震前的预防措施

◉ 建筑位置选择

建筑位置应避开断裂带、不均匀沉陷地、易滑坡处及水库区等。

◉ **住房结构要防震**

　　老旧住房要进行抗震结构加固。新建房屋要严格执行国家抗震设计要求，并按照相关的抗震规范进行设计和施工。

◉ **室内陈设整洁**

室内陈设重心尽量降低,不乱堆乱放。卫生间的门应尽量保持半开状态以备地震时逃生。正门、通道不要堆放杂物以便于疏散。装饰物尽量不用易燃品,不要将农药、有毒物品和易燃品放在室内。

◎ **准备防震包**

　　防震包内应准备基本生活用品(如水、食品等)、急救药品、简单工具及个人证件等。

◉ **震前加固措施**
震前应对窗户采取防碎措施,同时加固家具。

◉ **做好逃脱准备**

平时要事先想好万一被困在屋子里逃脱的方法,如准备好梯子、绳索、锤子等。

◎ **学校及教师应做的应急准备**

学校应组织教职员工学习防震减灾科学知识,评估、加固校舍,消除地震隐患。思想准备是行动基础,也是提高防震减灾能力的有效步骤。①心理准备:减少恐震心理,做到临震不乱,镇定自若,指挥有方,忘我献身;②知识准备:掌握避震方法和地震发生时应采取的逃生方法,以便地震发生时指挥学生行动。

◉ **制订学生应急计划**

　　学生应了解居住地周围情况、疏散通道及场地。要了解距居住地和学校最近的医院位置、急救中心、消防队所在地,填写个人情况卡(包括血型)。日常进行紧急避震演习。

◉ **学校的地震应急准备**

　　校方应组织学生进行紧急避震训练,制订疏散方案,做好药品储备,并了解与相关部门的联系方式等。

当我们了解了地震的前兆反应,就可以根据一些反常现象及早做好震前的预防工作,减少地震造成的生命财产损失。

避险有两种解释:一是躲避危险;二是避免危险。躲避危险行动范围窄;避免危险行动范围较宽,可包括自救互救行动。

紧急避险，自救互救

◉ **打开门确保出口畅通**

钢筋水泥结构的房屋,由于地震的晃动会造成门窗错位,打不开门、窗。地震时,请首先将门打开,确保有逃生的出口。

⊙ **及时关火**

地震时应立即关火，失火时应立即灭火。大晃动来临前的小晃动期间，邻里间应相互招呼"地震！快关火！"在大晃动停息后，再一次呼喊"关火！关火！"以确保关闭天燃气灶等火源。

◉ 及时灭火

当发现着火,应尽量及时灭火。为迅速灭火,平常请将灭火器、消防水桶放置在离火源较近的地方,以方便迅速使用。

◉ **保持呼吸畅通**

如发生火灾,周围会立刻充满烟雾。应以压低身体的姿势避难。当闻到煤气或毒气时,应用湿衣物捂住口鼻。

◉ **抓住牢固物体伏而待定**

　　地震发生时,应抓住桌腿、床腿等牢固的物体,伏而待定,蹲下或坐下,并尽量蜷曲身体,降低身体重心。

◉ **较安全的避震空间**
室内较安全的避震空间之一：承重墙墙根、墙角或坚固的家具旁。

◎ **较安全的避震空间**

室内较安全的避震空间之二：有水管和暖气管道的地方，如卫生间、水房。

◉ **保护头颈**

地震发生时，应保护头颈，避开易倒物体。

◎ **公共场所有序撤离**

　　如果地震发生时,身处剧院、商店、学校或地铁等人群聚集的场所,要保持镇静,就地择物躲避,人员较多的地方,最怕发生混乱。请依照公共场所服务人员、警卫人员的指示来行动,有序撤离。

◉ **避免扶靠**

当地面剧烈摇晃、站立不稳时，人们通常会有扶靠、抓住东西的心理。身边的门柱、墙壁大多会成为扶靠的对象。但是，这些看上去挺结实牢固的东西，实际上却是危险的。

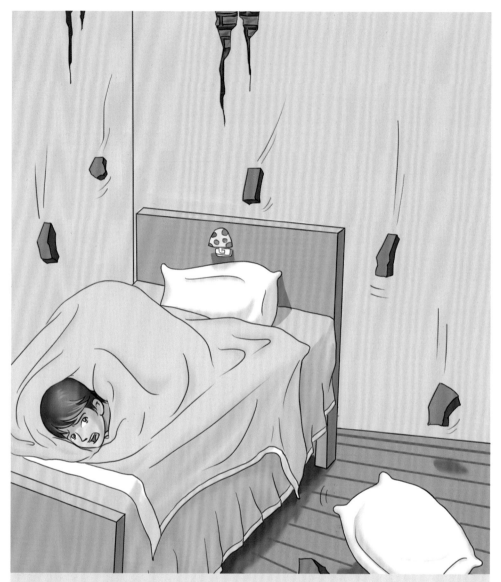

◉ 不利于避震的场所
室内最不利于避震的场所之一：没有支撑物的床上。

◉ **不利于避震的场所**

室内最不利于避震的场所之二：吊顶、吊灯下。

◉ **不利于避震的场所**
室内最不利于避震的场所之三:玻璃制品(如镜子)、大窗户旁和阳台上。

◉ **不利于避震的场所**

室内最不利于避震的场所之四：周围无支撑的空间。

◉ **不利于避震的场所**

在户外,遇到地震要保护好头部,避开危险处。自动售货机、广告牌、水泥预制板墙等有倒塌的危险,地震时不要靠近这些物体。

◉ 不要慌张向户外跑

地震发生后，不要慌慌张张地向外跑，碎玻璃、屋顶上的砖瓦等掉下来砸在身上，是很危险的。因此，应保护好自己的头部。

◉ **地下通道比较安全**
地震时,地下通道比较安全,如发生停电,紧急照明系统会立即启动。

◉ **避开人流，不点明火**

　　地震发生后，应避开人流，不要乱挤乱拥。不要随便点明火，以免空气中可能有易燃易爆气体引发爆燃。

◉ **避免使用电梯**

发生地震时,不能使用电梯逃生。万一乘电梯时遇到地震,应将操作盘上各楼层的按钮全部按下,一旦电梯运行至某一楼层停下,迅速设法离开。现代的电梯都装有管制运行装置,地震发生时电梯自动停止运行。万一被困在电梯里,应通过电梯中的专用电话与管理室联系求助。

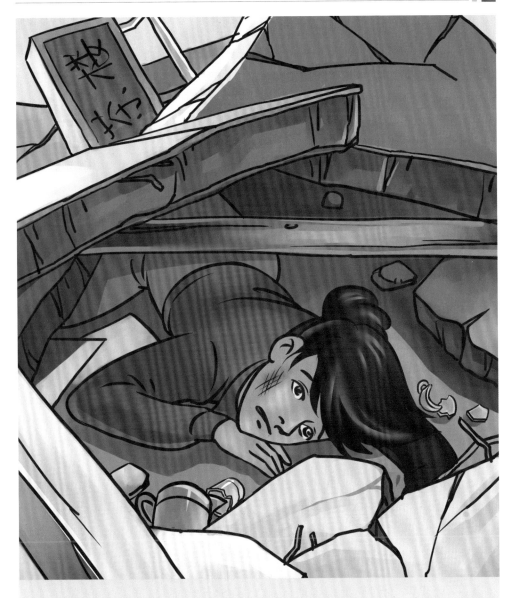

◉ **保存体力**

当无力自救脱险时，应减少体力消耗，等待救援。地震时如您被掩埋在废墟中，一定不要惊慌，要沉着、冷静，建立生存的信心，设法保护自己。地震后，往往还有多次余震发生，处境可能继续恶化，为避免遭受新的伤害，应尽量改善自己所处环境。

◉ **及时排除险情、保存生命**

被埋压之后,应尽可能地利用自己所处环境的条件,及时排除险情,保存生命。自救中最重要的是镇静、除险及求救。

◉ 坚定生存信念

遇险后应当坚定生存信念，消除恐惧心理和急躁情绪。设法挣脱被束缚的手脚，清除压在身上的物体，竭力创造一个生存空间。尽力寻找水和食物，注意保存体力，延续生命，等待救援。

◉ **选择开阔地区停车**

地震发生时,正在行驶的车辆应当紧急停车,就地选择开阔地避震。发生大地震时,汽车难以驾驶,停车时应避开十字路口,将车子靠路边停下。注意停车位置不要妨碍避难疏散人群和紧急车辆的通行。注意收听电台播报的即时信息。附近有执勤人员时,服从安排。

◉ **避免在汽车里过夜**

不要在汽车里面过夜，有引起致命性肺栓塞的风险。在汽车里，应将车钥匙插在车上，不要锁车门。

◉ **过桥紧抓栏杆**
地震时，如需过桥，应紧紧抓住桥栏杆。

◉ **迅速避难**

　　地震时，若在海岸边，有遭遇海啸的危险。感知地震或海啸警报时，请注意电台、电视台提供的信息，迅速到安全的场所避难。如身处山边、陡峭的倾斜地段，有发生山崩、断崖落石的危险，应迅速到安全的场所避难。

◉ **信息源正确**

不要听信谣言。发生大地震时，人们心理上易产生动摇。为防止慌乱，每个人应该依据正确的信息源，冷静地采取行动。可从携带的收音机、移动通信设备等装置获得正确的信息，相信政府，不轻信、传播谣言。

◉ **远离危险**

在室外要避开高大建筑物，尽量远离高压线及煤气站、化工厂、炸药库、电线电缆、落水洞、输油和供气管线及加油站等。

◉ **保护头部**

　　行动不便者,在轮椅上需要锁住车轮,用随手物件保护手臂、头部,捂住口鼻。家人平时应多注意老、弱、病、残、幼等人群的特殊需求物品,提前备好,安放在他们触手可及的地方。

◉ **传递求救信息**

　　震后被困，应想方设法向外界传递求救信息。求救时不要急躁，不要大声连续呼叫，应当细心注意倾听外界情况，间断呼救。呼救时可用石块、金属等敲击周围物体，发出声音，这样可节省体力，也能使信息传得更远，效果更好。

◉ **维持生命**

　　如果被埋在废墟下的时间比较长，救援人员仍未赶到或者没有听到救援信号，要想办法维持自己的生命。防震包的水和食品一定要节约食用，并应尽量寻找食品和饮用水，必要时自己的尿液也能起到补充水分的作用。

◉ **救人方法要正确**

　　根据房屋结构，救援人员应先确定被困人员的具体位置，再行抢救，以防止次生伤害。

◉ **注意倾听求救信息**
救援时,应注意倾听被困人员的呼喊、呻吟、敲击器物的声音等求救信号。

◉ **合理抢救被埋压人员**

抢救被埋压人员时，首先应使他们的头部暴露，迅速清除口鼻内尘土，再行抢救，不可直接用利器刨挖。

◉ **先抢救建筑物边沿的幸存者**

　　施救时,应先抢救建筑物边沿瓦砾中的幸存者,及时抢救那些更容易获救的幸存者,以扩大互救队伍。

◉ **输送水和食品，保护幸存者的眼睛**

对于埋压在废墟中时间较长的幸存者，首先应向其输送水和食品，然后边挖边进行营养支持，注意保护好幸存者的眼睛，避免其受到强光刺激。

◉ **切忌生拉硬拽**

对于受伤的人员，切忌生拉硬拽，要将伤者慢慢移出，保护好伤者脊柱，搬运时应注意伤者四肢有无骨折等创伤。

◉ **及时送往最近的医疗点**

对于救出的受伤人员，应及时用硬木板"担架"将其送往最近的医疗点进行治疗。

◉ **先抢救人员密集的地方**

外援抢救队伍应首先抢救医院、学校、旅社及招待所等人员密集的地方,这些场所也是受困人员较容易获救的地方。

◉ **及时抢救**

对伤情紧急的获救者应对其进行及时地抢救，并送往最近的医疗点或于附近安全地临时施救，以争取救治时间。

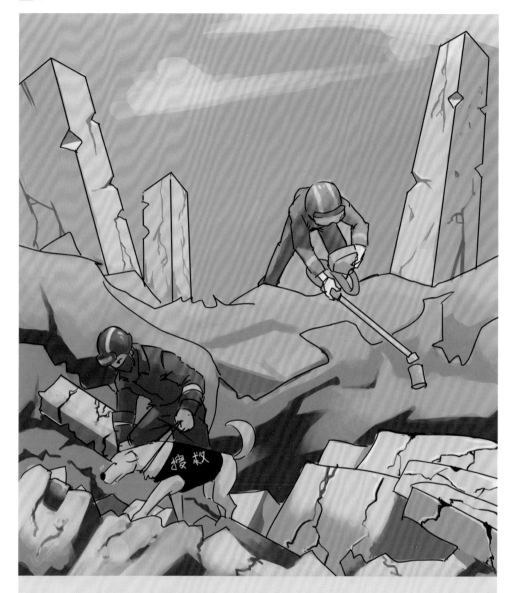

◎ **侦察搜寻、定位被埋压人员**

对倒塌体进行侦察,搜寻、定位被埋压人员。有条件时,应采用生物与仿生技术、无线电测向定位技术、化学－物理探测技术等高科技手段进行搜寻,以缩短救援时程,减少人员伤亡。

震时是跑还是躲,我国多数专家认为:震时就近躲避,震后迅速撤离到安全地方,是应急避震较好的办法。避震应选择室内结实、能掩护身体的物体下(旁),易于形成三角空间的地方,有支撑的地方,或室外开阔、安全的地方。